节气的旅程

·带孩子沐浴二十四节气·

李斌（腰果虾仁）著

北京大学出版社
PEKING UNIVERSITY PRESS

内 容 提 要

在钢筋水泥构成的城市里，生活节奏越来越快，人类离大自然越来越远。你我都在忙碌着前行，是否可以暂停匆忙的脚步，带孩子一起重新认识大自然的奇妙变幻？

万物因何而来，又将归于何处？二十四节气记载了"春生、夏长、秋收、冬藏"的四季变化，四季交替让世界有序运转。我们和日月星辰作伴，与山水海田对话，同风云雨雪同行……

本书以李梦鱼（乔乔）小朋友假期去采风的经历，发掘自然变化，每个节气配有相关的天文、气象、物候、农事、民俗文化等知识点，引导每个有孩子的家庭都走出城去，使孩子对气候和动植物等产生兴趣，在自然中了解民风习俗。

图书在版编目(CIP)数据

节气的旅程：带孩子沐浴二十四节气 / 李斌著. –北京：北京大学出版社, 2021.11
ISBN 978-7-301-32672-5

Ⅰ.①节… Ⅱ.①李… Ⅲ.①二十四节气 – 少儿读物 Ⅳ.①P462-49

中国版本图书馆CIP数据核字(2021)第213773号

书　　　　名	节气的旅程：带孩子沐浴二十四节气	
	JIEQI DE LVCHENG：DAI HAIZI MUYU ERSHISI JIEQI	
著作责任者	李斌（腰果虾仁）　著	
责 任 编 辑	张云静　杨　爽	
标 准 书 号	ISBN 978-7-301-32672-5	
出 版 发 行	北京大学出版社	
地　　　　址	北京市海淀区成府路205 号　　100871	
网　　　　址	http://www. pup. cn　　　新浪微博：@ 北京大学出版社	
电 子 信 箱	pup7@ pup. cn	
电　　　　话	邮购部 010–62752015　发行部 010–62750672　编辑部 010–62570390	
印 刷 者	北京宏伟双华印刷有限公司	
经 销 者	新华书店	
	787毫米×1092毫米　16 开本　16 印张　48 千字	
	2021年11月第1版　2021年11月第1次印刷	
印　　　　数	1–4000册	
定　　　　价	79.00 元	

目　录

秋 *Autumn*

冬 *Winter*

1.1 立春
li chun

立春春打六九头，春播备耕早动手，
一年之计在于春，农业生产创高优。

1.2 雨水
yu shui

雨水春雨贵如油，顶凌耙耱防墒流，
多积肥料多打粮，精选良种夺丰收。

1.3 惊蛰
jing zhe

惊蛰天暖地气开，冬眠蛰虫苏醒来，
冬麦镇压来保墒，耕地耙耱种春麦。

1.4 春分
chun fen

春分风多雨水少，土地解冻起春潮，
稻田平整早翻晒，冬麦返青把水浇。

1.5 清明
qing ming

清明春始草青青，种瓜点豆好时辰，
植树造林种甜菜，水稻育秧选好种。

1.6 谷雨
gu yu

谷雨雪断霜未断，杂粮播种莫迟延，
家燕归来淌头水，苗圃枝接耕果园。

2.1 立夏
li xia

立夏麦苗节节高，平田整地栽稻苗，
中耕除草把墒保，温棚防风要管好。

2.2 小满
xiao man

小满温和春意浓，防治蚜虫麦杆蝇，
稻田追肥促分蘖，抓绒剪毛防冷风。

2.3 芒种
mang zhong

芒种雨少气温高，玉米间苗和定苗，
糜谷荞麦抢墒种，稻田中耕勤除草。

2.4 夏至
xia zhi

夏至夏始冰雹猛，拔杂去劣选好种，
消雹增雨干热风，玉米追肥防黏虫。

2.5 小暑
xiao shu

小暑进入三伏天，龙口夺食抢时间，
玉米中耕又培土，防雨防火莫等闲。

2.6 大暑
da shu

大暑大热暴雨增，复种秋菜紧防洪，
勤测预报稻瘟病，深水护秧防低温。

3.1 立秋 lì qiū ✿

立秋秋始雨淋淋，及早防治玉米螟，
深翻深耕土变金，苗圃芽接摘树心。

3.2 处暑 chǔ shǔ ✿

处暑伏尽秋色美，玉米甜菜要灌水，
粮菜后期勤管理，冬麦整地备种肥。

3.3 白露 bái lù ✿

白露夜寒白天热，播种冬麦好时节，
灌稻晒田收葵花，早熟苹果忙采摘。

3.4 秋分 qiū fēn ✿

秋分秋雨天渐凉，稻黄果香秋收忙，
碾谷脱粒囤新粮，山区防霜听气象。

3.5 寒露 hán lù ✿

寒露草枯雁南飞，洋芋甜菜忙收回，
管好萝卜和白菜，秸秆还田秋施肥。

3.6 霜降 shuāng jiàng ✿

霜降结冰又结霜，抓紧秋翻蓄好墒，
防冻日消灌冬水，脱粒晒谷修粮仓。

4.1 立冬 lì dōng ❀

立冬地冻白天消，羊只牲畜圈修牢，
培田整地修渠道，农田建设掀高潮。

4.2 小雪 xiǎo xuě ❀

小雪地封初雪飘，幼树葡萄快埋好，
利用冬闲积肥料，庄稼没肥瞎胡闹。

4.3 大雪 dà xuě ❀

大雪腊雪兆丰年，多种经营创高产，
及时耙耢保好墒，多积肥料找肥源。

4.4 冬至 dōng zhì ❀

冬至严寒数九天，羊只牲畜要防寒，
积极投身互联网，增产丰收靠科研。

4.5 小寒 xiǎo hán ❀

小寒进入三九天，丰收致富庆元旦，
冬季参加培训班，不断总结新经验。

4.6 大寒 dà hán ❀

大寒虽冷农户欢，富民政策夸不完，
统分结合加油干，欢欢喜喜过个年。

节气的旅程

·带孩子沐浴二十四节气·

春

ƧƦƦƦ
s p r i n g

春 Spring

立春正月节

唐 元稹

春冬移律吕，天地换星霜。

冰泮游鱼跃，和风待柳芳。

早梅迎雨水，残雪怯朝阳。

万物含新意，同欢圣日长。

1.1 立春
li chun

风和日暖，万物苏萌山水醒，农家岁首又谋耕。眼看就到大年三十了，家家户户都在忙碌，为迎接新年做准备，挂灯笼、贴春联、做年夜饭……

我和小妹也置办起新年表演用的物件，一起排练舞龙、唱曲、相声……全村的喜庆节目，当然也有我俩的一份！我们迎着立春的暖阳，在希望的田野上奔跑，感受新年的美好。

Spring 春

雨水正月中

唐 元稹

雨水洗春容，平田已见龙。

祭鱼盈浦屿，归雁过山峰。

云色轻还重，风光淡又浓。

向春入二月，花色影重重。

1.2 雨水
yu shui

天气逐渐回暖，冰雪已然融化，降水开始增多。祖辈们都说"春种一粒粟，秋收万颗子"，随着春雨的到来，春播正式开启，农民伯伯开始忙碌着选种、耕耘、施肥。茂盛的菜地、鲜嫩的菜花、飘扬的旗帜……田野里春意盎然，大家都在期待春雨的到来！

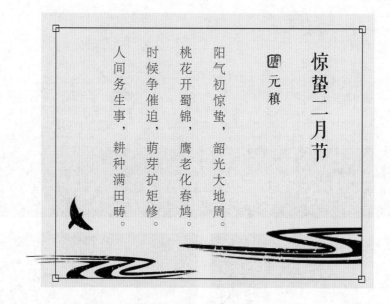

惊蛰二月节

唐 元稹

阳气初惊蛰，韶光大地周。

桃花开蜀锦，鹰老化春鸠。

时候争催迫，萌芽护矩修。

人间务生事，耕种满田畴。

1.3 惊蛰
jing
zhe

　　时间在不经意间就溜走了，刚从新春的温情中走出来，马上就到了惊蛰。惊蛰是春季的第三个节气，清新恣意，一如青春年少的时光，令人神往。春雷阵阵，雨水增多，小动物们终于从漫长的冬眠中苏醒，冬天的痕迹正在被慢慢抹去。

爸爸，什么是惊蛰？

动物冬眠被称为"蛰"，惊蛰就是天气回暖后，雷声叫醒蛰居动物的日子。古人说惊蛰一候桃始华，二候仓庚鸣，三候鹰化为鸠。桃花开了，黄鹂开始鸣叫，周围的鸠鸟也一下子多了起来。"仓庚"是黄鹂鸟的别称。

可鹰是鹰，鸠是鸠，为什么古人认为鹰会变成鸠呢？

"鹰化为鸠"是古人的误判，在惊蛰节气前后，鹰悄悄地躲起来繁育后代，蛰伏的鸠开始鸣叫求偶，古人没有看到鹰，而周围的鸠却一下子多了起来，他们就误以为是鹰变成了鸠。

春雷隆隆

万物苏醒

桃花朵朵

吃梨润肺

耕地松土

蒙鼓皮

春分二月中

匣元稹

二气莫交争，春分雨处行。

雨来看电影，云过听雷声。

山色连天碧，林花向日明。

梁间玄鸟语，欲似解人情。

1.4 春分
chun fen

　　夜晚，田野中月影浮动，雨水渐盛，青梅如豆。空气中弥漫着油菜花香，我摘下一朵油菜花簪在发上。阿婆在地里劳作，她说还要搭一个木架，种上嫩黄瓜。农忙一天的大叔收工啦，一只叫小黑的狗狗撒着欢儿跟在他的身后。麻鸭在池塘里游出各种花样的序列，碧波映出屋旁的老樟树，我的"鱼儿"也在随风飘扬。

春分是指春天被分成了两半吗?

没错,春分代表春天已经过了一半。春分过后,白天越来越长,夜晚越来越短,因此就有了"吃了春分饭,一天长一线"的说法。春分三候为一候玄鸟至,二候雷乃发声,三候始电。

玄鸟是什么鸟?

这里的玄鸟指燕子。燕子在古代的人气非常高,传说商朝把燕子作为图腾。春分过后空气潮湿,降水增多。下雨天常伴雷声和闪电,古人把这想象成"雷公、电母",由此还衍生出很多神话故事。

春光明媚

春分竖蛋

春祭放风筝

燕子归来

海棠花开

春耕大忙

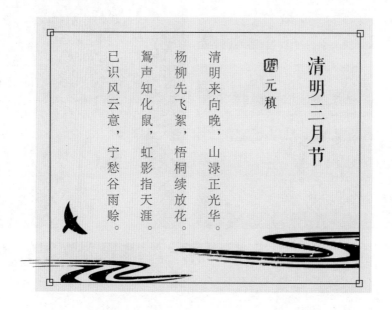

清明三月节

唐 元稹

清明来向晚，山渌正光华。

杨柳先飞絮，梧桐续放花。

鴽声知化鼠，虹影指天涯。

已识风云意，宁愁谷雨赊。

1.5 清明

qing ming

　　正值仲春与暮春之交，万物尽显活力。黄绿相间的广阔田野生机盎然，风吹草长，恰似牵挂绵延不绝，又如生命归去又来。爸爸说，清明是表达思念的日子。我还不太懂得大人口中的时光荏苒，却也会时常想念变成星星的太爷爷，我想唱首歌给他听，让风儿带着歌声与春色飞到天上去。

清明前后，种瓜点豆。爸爸，现在是不是要开始春耕啦？

没错，人们常说清明断雪，谷雨断霜，清明时节草木渐盛，雨水充足，气候温暖，是春耕春种的好时机。清明期间大多数地区都有祭祀活动，是扫墓、缅怀先祖的日子。

清明的三候是什么？

一候桐始华，二候田鼠化为鴽，三候虹始见。在清明节前后，因为气温升高，桐花开始盛开；喜阴的田鼠回到了地下的洞中，喜阳的鹌鹑等鸟类渐渐多了起来；雨量增多，更容易看到彩虹。清明时节天朗气清，是踏青的好时候。

天气晴朗

小鸟啼鸣

桐花绽放

禁火寒食

放飞风筝

远足踏青

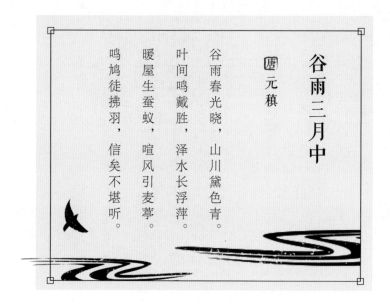

谷雨三月中

唐 元稹

谷雨春光晓，山川黛色青。

叶间鸣戴胜，泽水长浮萍。

暖屋生蚕蚁，喧风引麦葶。

鸣鸠徒拂羽，信矣不堪听。

1.6 谷雨
gu
yu

　　暮春已至，草色萋萋，田里的农作物已萌发出嫩嫩的绿芽，农民开始播种移苗、掩瓜点豆。油菜花已悄悄凋谢，萝卜花与牡丹花静静盛开。清晨下过毛毛雨，莹润的露珠还停留在花草纤细的叶尖上，四周充盈着温润的气息。此刻，风筝飞得很高，云朵飘得很远，我的笑容很甜……春天很美好，但很快就要过去了。

爸爸，什么是谷雨？

谷雨是春天的最后一个节气。古人说"雨生百谷"，谷雨期间降雨充足，有利于谷物生长。谷雨一到，预示着美好的春天就要结束了，夏天要来了。

谷雨的三候是什么呢？

谷雨一候萍始生，二候鸣鸠拂其羽，三候戴胜降于桑。谷雨时节雨水如丝，绵延不绝却不猛烈，温暖湿润，最适合浮萍生长；布谷鸟开始啼叫，提醒大家播种；戴胜鸟在桑树上筑巢，过不了多久就会有可爱的小鸟破壳而出。

雨生百谷

桑美蚕肥

牡丹盛开

喝谷雨茶

香椿味浓

种瓜种豆

节气的旅程

· 带孩子沐浴二十四节气 ·

Summer

夏

立夏四月节

唐 元稹

欲知春与夏，仲吕启朱明。

蚯蚓谁教出，王菰自合生。

帘蚕呈茧样，林鸟哺雏声。

渐觉云峰好，徐徐带雨行。

2.1 立夏

li
xia

斗指东南，维为立夏，炎暑将临。白居易在《春尽日》一诗中称立夏为"芳景销残暑气生"，因此有些人也把立夏称为"春尽日"。春日已尽，夏日绵长，春天播种的植物日益繁茂。犁耙高挂遍地锄，施肥杀虫又插田，农家开始忙起来。我骑上心爱的小三轮车，到田间地头遛一遛，可以闻到田埂上青苗和泥土的清香。你看，挂着日光的枝梢绿意正盛，微风徐来，草木怡人，是夏天来了。

立夏是说夏天来了吗?

立夏预示着季节的转换,但是立夏并不是说夏天真的到了,它更多是表示春天结束,初夏即将开始,北方的大多数地区此时还并不十分炎热。立夏也有三候,一候蝼蝈鸣,二候蚯蚓出,三候王瓜生。

蝼蝈是什么?

关于蝼蝈是什么,目前还存在一些争议。有人说蝼蝈是一种褐色的蛙,也有人说它是一种昆虫,长得与蟋蟀相近。夏季田间蛙声一片,昆虫也鸣唱不休;蚯蚓忙着帮农民翻松泥土;一种叫"王瓜"的植物茁壮成长。在立夏这天,古人还有吃蛋和挂蛋的迎夏仪式。

蚯蚓松土

芍药花开

雨季将至

作物出苗

吃蛋挂蛋

防治虫害

Summer 夏

小满四月中

唐 元稹

小满气全时，如何靡草衰？

田家私黍稷，方伯问蚕丝。

杏麦修镰钐，锄菔竖棘篱。

向来看苦菜，独秀也何为？

2.2 小满
xiao
man

时至小满，阳光正好，雨水渐收。草叶间的虫儿轻轻鸣叫，花丛中的粉蝶缓缓飞舞。麻雀们时而围成一团，时而四散开来，调皮地偷偷啄食麦粒。石榴花与栀子花漫山遍野地开着，在寂静之处似乎能听见花瓣舒展的声音。小满时节恰是雨量最充沛的时候，常有乌云压顶、暴雨突袭，也有晴天落雨、云霞如织。这种莫测的风云变幻，正是小满的独特魅力。小得盈满，万事可期。

爸爸，什么是小满？

小满时节，天气变热，降水增多，麦类等夏熟作物籽粒饱满但未成熟。民谚有"小满大满江河满"的说法。小满的"满"字有两层含义，既指农作物颗粒饱满，也指雨水充足。

满 有两层含义

① 农作物颗粒饱满

② 雨水充足

小满的三候是什么？

一候苦菜秀，

二候靡草死，

三候麦秋至。

小满一候苦菜秀，二候靡草死，三候麦秋至。苦菜是一种山野菜，小满时节这种野菜满山都是；靡草是春天才生长的一种野草，一旦入夏便会枯黄；北方的冬小麦过不了多久就可以收获，南方也正忙着插秧。

夏意正浓

麻雀贪嘴

榴花正盛

苦菜益气

蜻蜓起舞

灌溉农田

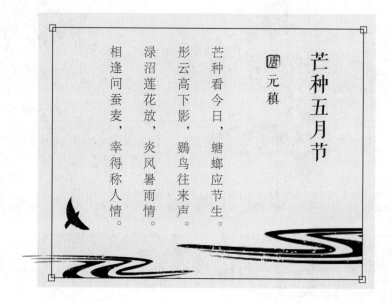

芒种五月节

唐 元稹

芒种看今日，螳螂应节生。
彤云高下影，鹈鸟往来声。
渌沼莲花放，炎风暑雨情。
相逢问蚕麦，幸得称人情。

2.3 芒种
mang zhong

　　下了很久的雨，好不容易才停歇了一会儿。李大爷在南瓜藤下打盹儿，梦里还琢磨着和老曹头一起喝几口青梅酒。刘大妈在地里忙碌着收种，盘算着把粽子卖了换条裙子穿。我偷偷套上在集市买的黄色雨鞋，想去田埂挖些螺蛳给阿婆家的麻鸭吃。那天，田间的风和天空的云一如往常，平淡得就像我们每个人童年里都曾有过的夏天一样。

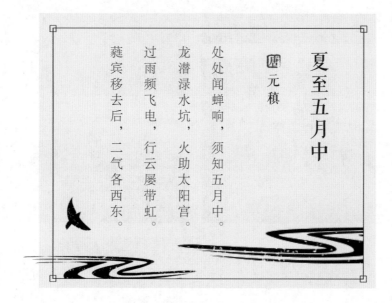

夏至五月中

唐 元稹

处处闻蝉响，须知五月中。

龙潜渌水坑，火助太阳宫。

过雨频飞电，行云屡带虹。

蕤宾移去后，二气各西东。

2.4 夏至
xia
zhi

　　下过阵雨的午后，吹来薄荷味的风，水珠在青草的叶尖上来回滚动，一不小心跌入泥土中。夏日正长，白墙灰瓦在地面留下浅浅的阴影；一大片水稻鲜嫩葱郁，蝉鸣声声，正是夏日最美好的光景。我就这样静静地，什么都不去想，看着绿树浓荫，听着蝉鸣萦绕，唱着喜欢的歌……我不知道自己会在哪个夏天突然长大，但我知道，这个夏天是无法复制的那个夏天。

没错，夏至是北半球一年中白昼最长的日子。在古代夏至被称为"夏至节"，在宋朝，夏至时官员会放假三天，大家会举行仪式来祭祀神灵，祈求国泰民安。

爸爸，夏至是一年中最长的一天，对吗？

夏至三候，
一候鹿角解，
二候蝉始鸣，
三候半夏生，
这些都是什么意思？

夏至的时候，鹿角开始脱落，蝉也开始鸣叫起来，半夏是一种中药，在夏至前后会生长得特别茂盛。

骤雨骤晴

半夏生长

夏至吃面

粘知了

赠送扇子

中耕锄地

小暑六月节

唐 元稹

倏忽温风至，因循小暑来。

竹喧先觉雨，山暗已闻雷。

户牖深青霭，阶庭长绿苔。

鹰鹯新习学，蟋蟀莫相催。

2.5 小暑
xiao shu

暖暖的热风，循着小暑节气吹到了农家院落。树木的绿色更显剔透，枝叶透出翠绿色的光泽；门户上长满青苔，藤蔓缠绕上栅栏；熟透的西红柿落在地表，柔嫩的玉米叶伸展着窈窕的腰肢；蟋蟀在草丛中跳跃奔跑，蜻蜓穿梭在田间，捕食着幼小的蚊虫……天气已经变得炽热起来。

大暑六月中

唐 元稹

大暑三秋近，林钟九夏移。

桂轮开子夜，萤火照空时。

瓜果邀儒客，菰蒲长墨池。

绛纱浑卷上，经史待风吹。

2.6 大暑
da
shu

　　我站在田间看着飘荡在天空的云朵，偶尔路过的风将树叶吹得沙沙作响，搅动着湿热的空气。这是一年中最热的日子，农作物飞速生长，蔬菜瓜果等待采收，昆虫躲到草丛、石缝中纳凉。屋前是一望无际的荷塘，荷叶翠绿饱满，浮萍下的小青蛙呱呱地唱个不停，说今年的莲蓬、莲藕一定会有个好收成。最爱的夏天已经快要离我而去了。

大暑是不是比小暑更热？

小暑是炎热天气的开始，大暑是酷热夏季的顶峰。大暑是夏季的最后一个节气，过完大暑就要入秋了。

大暑的三候，一候腐草为萤，二候土润溽暑，三候大雨时行。萤火虫真是从腐烂的草木中变出来的吗？

"腐草为萤"是古代人的误解，不过萤火虫的确是大暑的"代言人"，每当大暑来临，萤火虫就会格外多。"土润溽暑"是说大暑闷热，湿气较重。大暑前后常出现大雨天气，要注意防范哦。

晒伏姜

喝伏茶

斗蟋蟀

冬瓜清热

早稻成熟

绿豆消暑

节气的旅程

·带孩子沐浴二十四节气·

Autumn
秋

立秋七月节

唐　元稹

不期朱夏尽，凉吹暗迎秋。

天汉成桥鹊，星娥会玉楼。

寒声喧耳外，白露滴林头。

一叶惊心绪，如何得不愁？

3.1 立秋
li
qiu

　　秋天来临，气候却还在中伏之间，酷热并没有真正完结。中稻开花，大豆结荚，玉米吐丝，棉花结铃……草木也从繁茂的翠绿变成萧索的黄绿。天空中云层厚厚的，我们和农民伯伯同样期盼秋雨，希望雨让炎暑顿消、硕果满枝，好让我们迎接收获的季节。

爸爸，什么是立秋？

立秋是秋天的第一个节气，宣告秋天已经到了。不过立秋后气温并不会立刻降下来，此时末夏"余威"犹在，天气仍然炎热。

立秋三候是什么？

立秋一候凉风至，二候白露降，三候寒蝉鸣。立秋后，北方的风不再灼热沉闷，而是多了一丝清凉；昼夜温差逐渐增大，花瓣上开始出现露珠；秋蝉的鸣叫声也不如夏季那般欢快，而是多出几分凄凉。

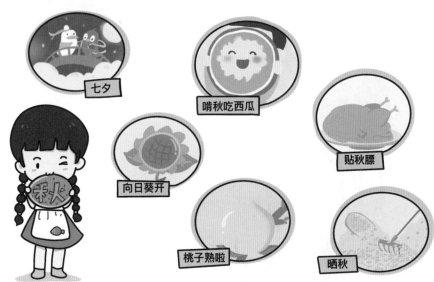

七夕

啃秋吃西瓜

贴秋膘

向日葵开

桃子熟啦

晒秋

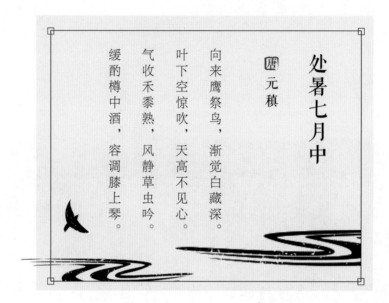

处暑七月中

〔唐〕元稹

向来鹰祭鸟，渐觉白藏深。
叶下空惊吹，天高不见心。
气收禾黍熟，风静草虫吟。
缓酌樽中酒，容调膝上琴。

3.2 处暑
chu shu

爸爸说，已经到了要和夏季说再见的时候了。可是，我真的好喜欢好喜欢夏天呀。我和小芒果决定，让夏天快乐地离开，于是，我们和夏天一起，吃了很多很多大西瓜！我想，夏天一定会记得儿时的我们，而我们也一定会记得童年的这个夏天。

爸爸，什么是处暑?

处暑也称"出暑"，"处"有结束的意思。处暑之后，雨季即将结束，暑气渐消，开始逐渐进入真正的秋天。

爸爸，处暑节气有什么新奇的事?

处暑有三候，一候鹰乃祭鸟，二候天地始肃，三候禾乃登。处暑时节，老鹰开始大量捕猎鸟类，囤积食物；天地间万物逐渐凋零；农作物先后成熟，我们迎来了五谷丰登的时节。

处暑吃鸭

放河灯

中元节

祭祖迎秋

大枣红了

泼水狂欢

白露八月节

唐 元稹

露沾蔬草白，天气转青高。

叶下和秋吹，惊看两鬓毛。

养羞因野鸟，为客讶蓬蒿。

火急收田种，晨昏莫辞劳。

3.3 白露
bai lu

初生芦苇茂盛生长，清晨露水凝结成冰霜。暑气减淡，秋意转浓。我们一路跑跳玩耍，风儿带来了久违的凉意。稻穗沉甸甸地弯下腰，瓜果豆子成熟，作物饱满待采，阿婆说现在正是收获的好时候。大伙儿都忙着收获蔬菜，忙着防治害虫。这种热火朝天的景象让我看得入了神，充满了对丰收的期待。

爸爸，什么是白露？

时至白露，夏风逐渐被秋风替代，天气渐渐变冷，寒生露凝。清晨时草叶上凝结出一层白色的水雾，万物随寒气增长而逐渐萧索。

白露三候是什么？

白露一候鸿雁来，二候玄鸟归，三候群鸟养羞。大雁和燕子从北方飞往南方过冬，鸟儿都开始准备过冬的粮食。"羞"同"馐"，表示美味的食物。

"羞"同"馐"

表示美味的食物

白露米酒

鸿雁南飞

斗蟋蟀

收获毛豆

吃龙眼

桂花开放

秋分八月中

唐 元稹

琴弹南吕调，风色已高清。
云散飘飖影，雷收振怒声。
乾坤能静肃，寒暑喜均平。
忽见新来雁，人心敢不惊？

3.4 秋分
qiu
fen

　　秋天到了，橘子熟了，丝瓜落了，柿子红了……秋日的阳光暖洋洋的，猫咪也懒洋洋的。喂饱阿婆家的小鸡小鸭，我去稻田里玩耍。有风儿经过，稻穗好像都在弯腰看我。我和它们打了个招呼，一起看夕阳落下，云层被夕阳染上浓郁的色彩，光影斑驳，美不胜收。

爸爸，什么是秋分？

秋分平分了昼夜。秋分之后，北半球的白昼会越来越短，夜晚会越来越长，天气也会一天比一天冷。

秋分也会有很好玩的事情吗？

秋分有三候，一候雷始收声，二候蛰虫坯户，三候水始涸。秋分之后，天空就不会打雷了；蛰居的小虫用细土封住藏身的洞口，以防寒气侵入；雨季过去之后，水汽蒸发快，湖泊溪流的水量也在逐渐变少。

放风筝

秋分祭月

柿子红了

中秋月饼

送秋牛

吃秋菜

寒露九月节

〔唐〕元稹

寒露惊秋晚，朝看菊渐黄。

千家风扫叶，万里雁随阳。

化蛤悲群鸟，收田畏早霜。

因知松柏志，冬夏色苍苍。

3.5 寒露
han
lu

棉花糖般的云朵遮住了太阳，田野里有远道而来的风，地上晾晒着刚摘下来的瓜果蔬菜，阿花、老黑和小白摇着尾巴和我玩耍……我一边走一边憧憬着长大后的模样。多年后，我会再一次踩着泥土，跃过沉甸甸的稻田，翻看自己曾经留在这里的美好时光。

爸爸，什么是寒露？

寒露时节，气温比白露时更低，地面的露水几乎都凝结成霜。秋高气爽逐渐成为过去式，属于深秋的寒冷逐渐在大地上蔓延。在北方地区，寒露时节甚至已经显露出初冬的肃杀。

寒露的三候我知道，一候鸿雁来宾，二候雀入大水为蛤，三候菊有黄华。

寒露时节，最后一批大雁也已经完成了南迁；雀鸟躲藏起来过冬，海边的蛤蜊却多了起来，就好像鸟雀变成了蛤蜊一样；菊花凌寒怒放，到处都是金黄的色彩。

登高赏红叶

重阳糕点

菊花盛开

大雁南飞

钓鱼吃蟹

品鉴秋茶

霜降九月中

唐 元稹

风卷清云尽，空天万里霜。
野豺先祭月，仙菊遇重阳。
秋色悲疏木，鸿鸣忆故乡。
谁知一樽酒，能使百秋亡。

3.6 霜降
shuang
jiang

　　温和的阳光照耀着深秋的田野，万物被勾勒出一圈金黄色的边，澄澈又灿烂。枯萎的树叶掉落在暗黄色的地表上，蜷缩洞中的秋虫悄悄进入冬眠。树木青翠的枝叶逐渐变成暖黄色，枫树的叶子在山野间铺开了一层火。北方的秋收已经接近尾声，空气中弥漫着草木的芬芳，爸爸说这是秋收的味道。我和小白鸭一起在田间嬉戏，一起登高远眺。你看，冬天不远了。

爸爸，什么是霜降？

霜降节气一般在农历的九月中旬，此时已经进入深秋，天气越来越冷。无边落木萧萧下，花草枯萎，动物沉寂，大家都在为过冬做准备。

霜降三候是什么？

一候豺乃祭兽，二候草木黄落，三候蛰虫咸俯。在霜降期间，豺狼开始狩猎，储备粮食准备过冬；草木枯黄凋落；昆虫纷纷躲进洞穴中开始冬眠，万物都对冬天严阵以待。

饮酒品茶

吃柿子

登高远眺

芙蓉花开

储存白菜

肉食进补

节气的旅程

· 带孩子沐浴二十四节气 ·

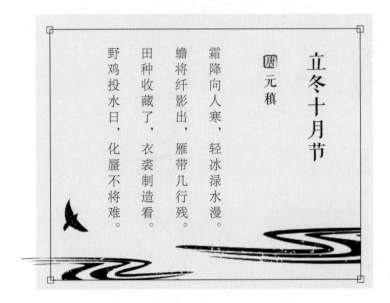

立冬十月节

唐 元稹

霜降向人寒，轻冰渌水漫。

蟾将纤影出，雁带几行残。

田种收藏了，衣裘制造看。

野鸡投水日，化蜃不将难。

4.1 **立冬**
li
dong

　　南方立冬时节，常会伴随一段温暖如春的天气。这时，我喜欢骑着单车绕过乡间的小路，去追赶太阳，有时候还会喊上虎喵，抱着大鹅，再带着阿黄一起去。我很喜欢风吹过时，收割着的田埂里荡起的稻花，那味道像村口小卖铺的牛奶一样甜香。天空那么高，飞絮飘飘，田野仿佛被涂上了一层金粉，映衬得我的小风车格外显眼。

爸爸，什么是立冬？

立冬是冬季的第一个节气，代表着漫长的冬天正式到来。山河冰封，雪花飞舞，万物都在趁此机会休生养息。

立冬一候水始冰，二候地始冻，三候雉入大水为蜃，最后一句是什么意思？

"雉"俗称野鸡，蜃是传说中形似大牡蛎的海怪。立冬后，野鸡等鸟类不多见，而海边却可以看到外壳与野鸡颜色相似的大蛤，所以古人认为雉在立冬后会变成蜃。

祭祖饮宴

酿造黄酒

动物冬眠

冬吃生葱

多饮汤水

冬泳锻炼

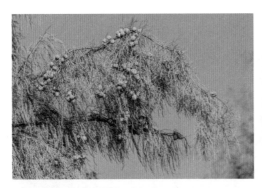

Winter 冬

小雪十月中

〔唐〕元稹

莫怪虹无影，如今小雪时。

阴阳依上下，寒暑喜分离。

满月光天汉，长风响树枝。

横琴对渌醑，犹自敛愁眉。

4.2 小雪
xiao
xue

初冬时分的清晨，地面落下厚厚一层霜，天空中的雨滴遇冷都化作纷纷扬扬的雪花。我忙着采摘蔬菜和小果子，把它们储藏起来，这样，再冷些时不用出门也可以吃到这些美味。芦苇的叶片已经褪去了颜色，但芦苇花还开着，淡淡的香气和我的笑声，一起飘进了云层里。

爸爸，小雪时是不是就会下雪了？

小雪时节，与下雪没有必然联系，"小"的意思是还没有达到极盛，现在还不到最冷的时候，即使下雪，雪也不会太大。

爸爸，小雪的三候是什么？

小雪一候虹藏不见；二候天气上升，地气下降；三候闭塞而成冬。

入冬之后，北方的雨水都化作雪花，无法看见彩虹；天气变幻，树木凋零，万物失去生机，隆冬伊始，万籁俱寂。

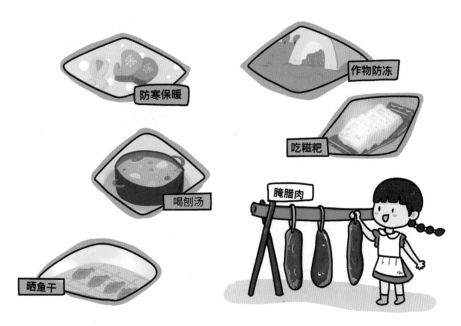

防寒保暖

作物防冻

吃糍粑

喝刨汤

晒鱼干

腌腊肉

大雪十一月节

唐 元稹

积阴成大雪，看处乱霏霏。
玉管鸣寒夜，披书晓绛帷。
黄钟随气改，鹖鸟不鸣时。
何限苍生类，依依惜暮晖。

4.3 大雪
da
xue

　　大风凛冽，吹散了阳光，天气越发阴冷。寒流活跃，气温下行，降水也在逐渐增多。我期待鹅毛大雪的降临，可阿婆却告诉我，大雪节气并不代表一定会下大雪，大雪也只是一个很冷的日子罢了。地里的农作物也仿佛开始冬眠，阿婆忙着给大棚菜地翻土、堆肥，我帮着挑水、插苗……辛苦又快乐。

爸爸，大雪和小雪有什么区别？

大雪时节，处在强冷空气前沿的地区会降大雪，甚至暴雪。大雪节气的雪由小变大，气温更低，冷风也更加凛冽，厚厚的冬衣一定要穿起来了。

爸爸，大雪三候是什么？

大雪有三候，一候鹖旦不鸣，二候虎始交，三候荔挺出。鹖旦又名寒号鸟，因为天气太冷，它也不在晚上鸣叫了；老虎开始有求偶行为；荔草在这个时候长出新芽。荔在古代指一种兰草，别名马兰。

磨豆腐

封河戏冰

雪花飘飘

冬储蔬菜

冬季堆肥

腌制咸货

冬至十一月中

唐 元稹

二气俱生处，周家正立年。

岁星瞻北极，舜日照南天。

拜庆朝金殿，欢娱列绮筵。

万邦歌有道，谁敢动征边？

4.4 冬至
dong
zhi

在寒冷的日子，邂逅久违的好天气。村民们一边忙活清扫祭祀，一边管理田间的冬种农作物。阿婆说，现在把闲着的田新耕一遍，土地就会变得更加松软，来年庄稼会长得更好。这会儿不仅要打理时令果蔬，还得加快进度深翻土壤。我缠着大叔教我开拖拉机，我也想学着翻土地，这样来年的收获也有我的努力。

爸爸，什么是冬至？

冬至时节，太阳直射南半球，北半球的日照时间最短，白天最短，黑夜最长。

爸爸，冬至有什么新奇的事？

冬至有三候，

一候蚯蚓结，

二候麋角解，

三候水泉动。

冬至的时候，土中的蚯蚓蜷缩着身体御寒；麋鹿的角开始脱落；山中的泉水流动，水温并不像外界一样寒冷。因为山泉水于地下汇集，所以温度恒定，"冬暖夏凉"。

冬至画九

吃饺子

吃汤圆

九层糕祭祖

喝羊肉汤

吃冬至团

小寒十二月节

唐 元稹

小寒连大吕，欢鹊垒新巢。

拾食寻河曲，衔紫绕树梢。

霜鹰近北首，雉雊隐藜茅。

莫怪严凝切，春冬正月交。

4.5 小寒
xiao
han

　　金色的光芒铺洒在大地上，扫去年末小寒的冰冷。风调皮地吹过，地里的庄稼和我都笑弯了腰。萝卜的鼻头也被冻红了，我拔呀拔……好大个儿！大叔大婶为农作物的防冻防湿操碎了心，他们用草绳捆住青菜，把农作物包裹得严严实实。时光荏苒，万物等待复苏，在新年的期盼里生长。

爸爸，小寒有什么特点？

俗话说，小寒小寒，冻成一团。作为冬季的第五个节气，小寒的特点就是寒冷，在北方，小寒甚至比大寒气温更低。

小寒的三候是什么？

一候雁北乡，二候鹊始巢，三候雉始雊。北方的小寒虽然还很冷，但是大雁已经开始北迁，喜鹊也不约而同开始筑巢，野鸡也开始鸣叫起来。

吃黄芽菜

准备年货

踏雪寻梅

喝腊八粥

吃烤橘子

滑冰玩耍

大寒十二月中

唐 元稹

腊酒自盈樽，金炉兽炭温。

大寒宜近火，无事莫开门。

冬与春交替，星周月讵存？

明朝换新律，梅柳待阳春。

4.6 大寒
da
han

　　这是一年中最冷的光景，温低风大，天寒地冻，但寒冷并不妨碍我们一起去做美好的事，去做更幸福的人。在农场里喂牛牧马，运输谷物饲料；劳作采摘，看着草场绿芽萌发；奔跑爬山，看夕阳缓缓落下……这些看似平淡无奇的田园时光，都因不久将至的春天而让人充满了期待。

爸爸，大寒是最后一个节气了吧？

没错，大寒是二十四节气中的最后一个节气，和小寒算是"孪生兄弟"，是公认的最寒冷的时候，但严寒过后又是新一年的立春。冬天到了，春天就不会远了。

大寒的三候是什么？

一候鸡乳，二候征鸟厉疾，三候水泽腹坚。到了大寒，鸡能提前感知到春天的气息，开始孵小鸡；鹰隼等猛禽盘旋在空中寻找食物；坚冰深处春水生，河水冻到极点，就要开始融化了。

蒸糯米饭

尾牙祭

大寒迎年

做年糕

喝鸡汤